AF495261

SUPPLÉMENT

A L'AGRICULTURE PRATIQUE DE LA FLANDRE,

CONTENANT LE MÉMOIRE

SUR LES PRAIRIES AIGRES.

IMPRIMERIE
DE MADAME HUZARD (NÉE VALLAT LA CHAPELLE),
rue de l'Eperon, n° 7.

L'AGRICULTURE

PRATIQUE

DE LA FLANDRE,

PAR M. J.-L. VAN AELBROECK.

SUPPLÉMENT

CONTENANT

LE MÉMOIRE SUR LES PRAIRIES AIGRES,

DU MÊME AUTEUR.

PARIS,

MADAME HUZARD (NÉE VALLAT LA CHAPELLE), LIBRAIRE,
RUE DE L'ÉPERON, N° 7.

1835.

AVIS DE L'ÉDITEUR.

M. van Aelbroeck, aujourd'hui membre du Conseil de régence de la ville de Gand, publia, dans le courant de 1823, en idiome flamand, un volume de trois cent quatorze pages in-8° de texte, trente-deux pages d'introduction et observations préliminaires, et dix-neuf planches, sur l'*Agriculture pratique de la Flandre*. Cet ouvrage, imprimé à Gand, obtint le plus grand succès. Les journaux scientifiques le signalèrent comme un traité bien conçu, profond, exact et complet : on reconnut que l'auteur n'omettait rien d'essentiel ; qu'il donnait tous les détails d'une ferme bien réglée, selon les usages de la Flandre, la terre classique de l'agriculture, et qu'il en parlait en habile propriétaire-agronome, en praticien éclairé qui, après avoir long-temps étudié, comparé, apprécié toutes les méthodes, fait connaître à ses compatriotes le résultat d'une longue expérience. Pour se rendre utile, d'une manière plus certaine, aux cultivateurs des deux anciens départemens français de l'Escaut et de la Lys, où cette classe d'habitans a conservé le dialecte ancien et vulgaire du pays, M. van Aelbroeck écrivit en sa langue maternelle, que l'on n'a pas même cessé de parler habituellement dans quelques parties de la Belgique, cédées à la France depuis la paix des Pyrénées en 1659, ou par les traités d'Aix-la-Chapelle et de Nimègue, en 1668 et 1678; surtout à Dunkerque, Bailleul, Steenvoorde, Cassel, et jusqu'aux portes de Saint-Omer.

On ne tarda guère à manifester le désir de voir paraître la traduction française d'un traité qui contenait tant d'observations, dont les agriculteurs pouvaient tirer parti, soit aux environs de Bruxelles, et dans les anciens départemens de Jemmapes, de l'Ourthe, de Sambre-et-Meuse, des Forêts, devenus partie intégrante du royaume des Pays-Bas, lors des traités de 1814 et 1815, et où l'on n'entend point le flamand, soit en plusieurs contrées de la France qui ont à peu près le même sol et le même climat que la Belgique. M. Wallez, aujourd'hui conseiller de légation de S. M. le Roi des Belges près le gouvernement britannique, et neveu de M. van Aelbroeck, habitait Paris depuis 1820, époque où sa longue opposition aux mesures politiques et financières des ministres hollandais l'avait forcé à se réfugier en France. Connu, chez nous, par des traductions de plusieurs ouvrages de littérature anglaise et allemande; auteur de quelques écrits sur l'histoire et la diplomatie, ainsi que de divers essais en botanique et dans les sciences naturelles; lié d'ailleurs depuis long-temps avec des membres distingués de l'Institut royal de France, particulièrement avec M. François de Neufchâteau, ancien ministre de l'Intérieur, président de la Société royale d'agriculture de la Seine, il fut invité à nous donner en français le traité sur l'agriculture de son pays natal, dont il savait très bien l'idiome vulgaire. Feu M. Challan, vice-secrétaire de la Société d'agriculture de la Seine, dans un des rapports sur les travaux de cette Académie, s'exprime en ces termes: « M. le comte François de Neufchâteau, » notre président, qui nous fait partager les re- » grets si vifs qu'il éprouve lui-même, de ce que » l'état de sa santé ne lui permet pas d'assister à » nos séances, s'y rend cependant présent autant » qu'il le peut, par des communications écrites, » que la Société apprécie, et c'est par là qu'elle a » reçu encore dernièrement un ouvrage ayant » pour titre *l'Agriculture pratique des Flamands;* » il est écrit dans cette langue; M. van Aelbroeck » en est l'auteur, et M. Wallez le traducteur. Ce » travail est le fruit d'une longue expérience, » acquise dans un pays où l'agriculture est si flo- » rissante; non seulement l'ouvrage dit tout ce » qui s'y pratique par rapport à elle, mais il » donne un *Calendrier agricole* détaillé pour les » douze mois de l'année, et il traite beaucoup de » questions qui intéressent l'économie domestique » et commerciale. »

Ce livre fut publié, à Paris, en 1830, à la librairie de madame Huzard : il contient trois cent cinquante-deux pages in-8° de texte, en y comprenant une explication des planches ; une liste alphabétique des végétaux dont il fait mention, avec les noms botaniques ; une table détaillée des matières ; un grand nombre de notes, fournies par l'auteur, qui font, en quelque sorte, de la traduction française le type d'une seconde édition, *revue* et *corrigée ;* enfin, cinquante-six pages de préface, introduction et observations préliminaires, et seize planches où l'on a réuni tous les objets représentés dans les dix-neuf planches du texte original. L'édition de Paris, tirée à un grand nombre d'exemplaires, est presque entièrement épuisée ; mais, avant de la réimprimer, comme on se le propose, et d'ajouter à cette réimpression un *Mémoire* du même auteur sur les *prairies aigres*, mémoire qui présente un grand intérêt, l'éditeur a voulu procurer aux premiers acquéreurs de l'ouvrage l'occasion de se compléter sans les contraindre à des sacrifices pécuniaires qui, peut-être, ne leur paraîtraient pas suffisamment justifiés par d'autres avantages. C'est un procédé auquel, depuis plus de quarante années d'établissement, la librairie de madame Huzard se flatte d'avoir accoutumé les personnes qui lui accordent leur confiance.

Le *Mémoire sur les prairies aigres* avait été annoncé dans l'édition de 1830, vers la fin d'un paragraphe qui traite de la manière d'améliorer les prairies dont le gazon est usé : on y lit (page 47) une note ainsi conçue : « Si l'on veut » avoir une idée plus complète de ce qui concerne

» les mauvaises qualités des prairies ou des pâtu-
» rages, et les moyens d'y remédier, on peut
» consulter le *Mémoire sur les prairies aigres*, au-
» quel a été adjugée la médaille offerte par l'Acadé-
» mie royale des Sciences et des Arts, à Bruxelles,
» qui avait proposé un prix sur cette question,
» pour le concours de 1828. Ce mémoire, cou-
» ronné, a été rédigé en flamand par M. J.-L.
» van Aelbroeck, auteur de l'*Agriculture pratique*
» *de la Flandre.* »

Au moment où l'on imprimait cette note, l'éditeur croyait que la traduction française du *Mémoire sur les prairies aigres*, presque achevée par M. Wallez, pourrait être publiée immédiatement après le traité de l'*Agriculture pratique*. Mais, à la suite des évènemens de juillet 1830, le traducteur ayant quitté la France, pour prendre une part très active à la révolution belge de la même année, ses occupations, soit comme secrétaire du comité diplomatique, à Bruxelles, soit comme secrétaire de légation à Londres, lui firent perdre de vue les travaux littéraires dont il s'était chargé. Sur l'invitation pressante de l'éditeur, le manuscrit du *Mémoire* soumis à l'inspection de M. van Aelbroeck est arrivé enfin à Paris, et on s'empresse de le publier.

En 1831, la Société royale et centrale d'agriculture de la Seine, voulant reconnaître les avantages que trouvaient les agronomes français dans l'étude et la pratique de diverses méthodes indiquées par M. van Aelbroeck, décerna au traducteur la distinction que la Société accorde, chaque année, aux écrivains qui mettent à la portée de nos cultivateurs les ouvrages d'un grand mérite et d'une véritable utilité, publiés en langue étrangère dans les autres pays. Le procès-verbal de la séance publique, tenue par la Société royale et centrale d'agriculture, le 10 avril 1831, contient, à ce sujet, le passage suivant :

« La Société royale, etc...., décerne une grande » médaille à M. Wallez, à Bruxelles, pour la » traduction française qu'il a publiée d'un ou- » vrage en langue flamande, ayant pour titre : » *Agriculture pratique de la Flandre*, par M. van » Aelbroeck. » Cette décision avait été prise d'après le rapport fait à la Société, par trois de ses membres, et conçu en ces termes :

» Messieurs, vous nous avez chargés de vous » faire un rapport sur un ouvrage publié en idiome » flamand, ayant pour titre : l'*Agriculture prati-* » *que de la Flandre*, par M. van Aelbroeck, » traduit en français par M. Wallez, neveu de » l'auteur.

» L'auteur a adopté, dans son ouvrage, la » forme du dialogue, comme la plus propre à le » rendre populaire et à atteindre le but qu'il » s'était proposé. Il met en scène un proprié- » taire instruit et un habile praticien, qui pas- » sent successivement en revue, dans six chapi- » tres, toutes les parties de l'agriculture : labours, » assolemens, engrais et amendemens, choix de » semences, prairies naturelles et artificielles,

» manière de gouverner une laiterie, éducation » des bestiaux, conduite des arbres fruitiers, » instrumens aratoires, clôtures; enfin, rien de » ce qui tient à l'art agricole n'est omis dans cet » important ouvrage, qui doit être considéré » comme un traité complet sur l'agriculture fla- » mande.

» M. Wallez s'est appliqué non seulement à tra- » duire ce livre avec exactitude, mais encore » il l'a accompagné de notes et réflexions im- » portantes pour l'intelligence du texte. En » donnant au public une bonne traduction fran- » çaise du livre de M. van Aelbroeck, M. Wallez » a rendu un véritable service à notre agricul- » ture...... Nous avons l'honneur de vous pro- » poser de lui accorder une médaille de première » classe (1). »

Le témoignage rendu au mérite du Traité sur l'*Agriculture de la Flandre*, par une Société savante de Paris, ne tardera point à être confirmé dans la Grande-Bretagne et aux États-Unis d'Amérique, si l'on imprime bientôt à Londres, comme on nous l'annonce, la traduction anglaise du livre de M. Van Aelbroeck, d'après le texte français. Déjà, depuis long-temps, les voyageurs anglais, qui s'occupent d'agriculture, prenaient

(1) Voyez *Mémoires d'agriculture, d'économie rurale et domestique, publiés par la Société royale et centrale d'agriculture*. Année 1831. (Paris, chez Madame *Huzard*), pag. 5 et 107.

pour guide l'ouvrage de cet agronome, dans leurs excursions en Belgique, et cherchaient à se mettre en rapport avec l'auteur; ils lui communiquaient leurs observations et lui adressaient quelquefois des notes détaillées sur ce qu'ils avaient vu et remarqué. Les suffrages de tant de propriétaires et amateurs éclairés, soit de la Grande-Bretagne, soit de l'Irlande, paraissent avoir fixé l'attention d'un éditeur à Londres, qui entreprend, dit-on, de publier une traduction de l'*Agriculture des Flamands*. On croit que le traducteur anglais donnera quelques notes relatives aux pratiques sur lesquelles on est plus ou moins d'accord, dans l'intérieur de l'Angleterre, avec les cultivateurs belges, ou que l'on regarde comme plus ou moins applicables au sol et au climat des deux pays. Un agronome distingué, le révérend W.-L. Rham, recteur anglican, de la paroisse de Winkfield, près de Windsor, un des rédacteurs de l'ouvrage intitulé : *Penny Cyclopœdia*, auquel il a fourni beaucoup d'articles d'agriculture, entre autres les articles remarquables : *Barley* (orge), *Beans* (fèves), *Bete* (betteraves), *Bedford*, *Berkshire*, *Berwick* (agriculture des comtés de), et *Arable lands* (terres labourables), s'était rendu, en 1834, chez M. van Aelbroeck, qui passe l'été à sa maison de campagne de Gendbrugge (village situé à une demi-lieue de Gand, rive droite de l'Escaut, près de la grande route de Bruxelles), et il avait examiné en détail tout ce qui concerne l'agriculture des environs. Lors de son retour à Londres, il remit au traducteur français une série de notes manuscrites sur l'ouvrage de l'agronome flamand : son but était d'indiquer les points où les usages de la Flandre diffèrent de la pratique anglaise, mais sans prétendre décider entre les deux méthodes. En résumé, l'écrivain anglais semble regarder l'Irlande comme celui des trois royaumes britanniques où le système général d'agriculture flamande pourrait le plus facilement s'introduire, sans beaucoup de restriction, et il termine par ces mots : « Tout cultivateur trouvera dans ce » livre des indications utiles et des règles très » saines pour la pratique. Je connais peu d'ou- » vrages sur l'agriculture où l'on présente moins » de points de fait et d'expériences qui ne puis- » sent aisément se concilier avec les règles de l'art » et les bonnes doctrines (1). »

On a des motifs de croire que M. van Aelbroeck, dans une seconde édition française de son ouvrage, répondrait aux agronomes anglais, s'ils inséraient dans une traduction anglaise du Traité sur l'*Agriculture de la Flandre*, ou s'ils publiaient ailleurs des notes raisonnées, comme celles du révérend recteur de Winkfield, et qu'il réfuterait, au besoin, les observations qui lui

(1) « Every farmer will find hints and sound practical rules » in this book. There are few agricultural works, which » contain fewer practices which cannot readily be reconciled » to scientific rules. »

semuleraient erronées. On espère aussi que, pour cette nouvelle édition, il voudra bien entrer en quelques détails sur des objets qui, en Belgique, peuvent avoir éprouvé des changemens, soit en bien, soit en mal, depuis quelques années, par suite de nouvelles mesures législatives : tels sont, peut-être, l'état des distilleries d'eau de vie de grains, considérées comme fournissant le moyen d'élever de nombreux bestiaux et de se procurer une grande quantité de fumier, la situation des ouvriers flamands qui s'occupent de filer du lin et de fabriquer les toiles, ainsi que les résultats probables des lois sur l'exportation du lin et des céréales. Ces points importans ont été traités plus d'une fois par M. van Aelbroeck, contradictoirement avec d'autres économistes ou avec des commissions nommées d'office, quand il remplissait, avant 1830, les fonctions auxquelles il a renoncé, de membre des États provinciaux de la Flandre orientale et de secrétaire de la Commission royale d'agriculture.

Paris, 15 septembre 1835.

MÉMOIRE

SUR

LES PRAIRIES AIGRES,

PAR M. J.-L. VAN AELBROECK,

AUTEUR

DE L'OUVRAGE INTITULÉ :

L'AGRICULTURE PRATIQUE

DE LA FLANDRE.

INTRODUCTION.

L'Académie royale de Bruxelles, dans sa séance du 7 mai 1827, avait offert une médaille d'or pour le meilleur *Mémoire* qui lui serait parvenu, en 1828, en réponse à la septième question proposée par la classe des sciences, et conçue en ces termes :

« Quelle est la raison physique qui donne à quelques unes » de nos prairies la qualité pernicieuse qui les fait désigner » ordinairement sous le nom de *prairies aigres* (en flamand, » *zuur-bemden*)? Quels sont les moyens les plus simples, les » plus économiques et les plus faciles pour corriger ces défauts » et favoriser le développement des plantes qui fournissent au » bétail une nourriture plus avantageuse ?

» L'auteur de la réponse donnera la topographie des lieux » auxquels son travail se rapporte, relativement aux lieux » circonvoisins ; il déterminera, par analyse, la constitution » du sol, et, par suite, indiquera les moyens de remédier à » ses défauts : il désignera aussi les plantes nuisibles qui s'y » trouvent, leur proportion relative aux bonnes, et celles » qui peuvent les remplacer avantageusement, eu égard à la » nature du sol. »

Dans son assemblée générale du 7 mai 1828, en faisant connaître les conditions du concours de 1829, l'Académie publia son jugement sur les mémoires qu'elle avait reçus en conséquence du programme de l'année précédente. Voici l'extrait littéral qui concerne la question d'agriculture.

Septième question relative aux *prairies aigres*. — Mémoire ayant pour épigraphe : *Fabricando fabri fimus.*

« L'Académie a considéré que ce mémoire était très bien » traité sous le rapport de la science agricole, mais qu'il ne » l'était pas également bien sous le rapport chimique, qui, » dans l'intention de l'Académie, et d'après l'esprit de son » institution, est une branche importante de la question, et » elle regrette de n'avoir pu lui adjuger que la médaille » d'argent. L'auteur est M. Van Aelbroeck, secrétaire de la » commission d'agriculture, à Gand. »

Ne serait-il pas permis de croire que l'Académie, en prenant cette décision, s'est laissé entraîner par un scrupule exagéré? La rédaction originale du programme de 1827 annonçait bien, d'une certaine manière, que l'on désirait une espèce d'analyse chimique; mais on sait que les cultivateurs sont rarement chimistes, de même que fort peu de chimistes sont agriculteurs : ce sont là des connaissances d'une nature différente, que l'on ne doit guère s'attendre à rencontrer chez les mêmes personnes, et dont on ne peut exiger la réunion. L'auteur pensa qu'il pouvait se borner à indiquer, en agronome, la constitution du sol, et il eut soin de donner, en peu de mots, les motifs pour lesquels il s'était abstenu de traiter la question sous le rapport scientifique. D'ailleurs, il avait présenté, avec plus de détail et d'étendue, quelques considérations dans le même sens, quand il publia son Traité de l'*Agriculture pratique de la Flandre*, pages 4, 5, 6 et 7 du texte flamand. (*Werkdadige Land-bouw-kunst der Flamingen*, Gand, 1823, in-8°.) Voyez les pages 4, 5, 6, 7 et 8 de la traduction française (publiée en 1830, à Paris, chez Madame *Huzard*), et surtout la note de la page 6-7, envoyée au traducteur, par l'auteur, à l'occasion du livre de M. Chaptal (*Chimie appliquée à l'agriculture*), ouvrage dont la première édition avait paru en 1823, postérieurement à la publication du texte original de l'*Agriculture pratique de la Flandre*, et qui a été réimprimé en 1829; 2 vol. in-8° (Paris, chez Madame *Huzard*).

MÉMOIRE

SUR LES PRAIRIES AIGRES,

EN RÉPONSE

A LA QUESTION PROPOSÉE PAR L'ACADÉMIE ROYALE DE BRUXELLES.

(CONCOURS DE 1828.)

La question qui vient d'être proposée présente un véritable intérêt, puisque les prairies sont d'une grande importance dans notre agriculture, soit qu'on les fauche, soit qu'on les emploie comme pâturages. Il n'y a pas de plus belles et de plus riches propriétés; le produit en est considérable, et elles exigent beaucoup de soin et d'attention, tant de la part du propriétaire que du fermier.

L'objet de ce programme s'est déjà trouvé indiqué par plusieurs sociétés savantes, et spécialement par la première classe de l'institut royal des Pays-Bas, à Amsterdam, qui avait offert une médaille d'or, de la valeur de cinq cents florins, pour le mémoire le plus satisfaisant; mais la médaille n'a pas été adjugée (1). En remettant au concours le même sujet l'année suivante, l'Académie des sciences, à Bruxelles, nous prouve com-

---

(1) L'auteur n'avait pas concouru lors du concours d'Amsterdam : il ne s'est mis sur les rangs qu'à Bruxelles.

bien les hommes éclairés attachent de prix à la solution des difficultés qu'on rencontre en cette matière, et combien ils sont persuadés que son examen approfondi procurera de grands avantages au public.

Il y a peut-être quelque témérité de ma part à essayer de répondre aux vues de l'Académie ; mais j'espère qu'elle me saura gré d'une tentative que je hasarde, avec l'espoir de me rendre utile. Enhardi par ce motif, je me crois obligé, cependant, de déclarer que je considère la question sous le seul rapport des connaissances pratiques en agriculture, et que je m'abstiendrai de toutes les spéculations de théorie. Sans m'arrêter à des dissertations scientifiques, je me bornerai, dans mes remarques, aux notions que m'ont fait acquérir une expérience de quarante années et les opérations réelles auxquelles je me suis livré pendant un si long espace de temps. Ces leçons de l'expérience fournissent, en plus d'un cas, un enseignement meilleur que celui des théories. Sans doute, l'étude sérieuse des principes de l'agriculture mérite d'être encouragée; mais si elle amène beaucoup de bonnes réflexions, elle n'en laisse pas moins subsister bien des doutes, qui ne peuvent être levés que par les expériences et les essais. Il n'en est pas ici comme de la mécanique, où il suffit de connaître la force déterminée d'une roue, pour savoir de quelle manière tourneront les autres. Il y a une diversité infinie, et souvent une contradiction étonnante, dans les résultats que l'on obtient de la culture des terres et dans leurs productions, selon que varient les années, les saisons et les localités. En agriculture, et en tout ce qui se rapporte à cet art, il n'y a rien de plus instructif que la leçon de l'expérience : on ne saurait suivre un meilleur guide.

Après avoir établi ces préliminaires, je dirai qu'à mon avis, pour atteindre le but que l'Académie se propose, il importe, avant tout, de déterminer la situation locale des prairies dont il s'agit de corriger les défauts, et qui semblent susceptibles d'améliorations importantes. Je commence donc par assigner le centre de la Flandre orientale comme la position choisie pour cet essai (1).

Dans le sens le plus strict de la question proposée, je regarde comme tout à fait inutiles, ou du moins comme peu importantes, et les descriptions détaillées des lieux dont je parle, et l'analyse rigoureuse du sol : je pense que je me suis renfermé, à cet égard, dans de justes bornes. Il me semble que l'Académie n'a désiré que la désignation des causes auxquelles il faut attribuer les défauts à corriger, et qu'elle demande simplement l'exposé des moyens les plus propres à remédier au mal. Qu'il me soit permis d'ajouter que l'analyse chimique du sol et la description minutieuse des parties dont il se compose présenteraient, à chaque pas, des diffférences plus ou moins notables, et serviraient plutôt à satisfaire la curiosité qu'à produire un avantage réel pour la pratique de l'agriculture. Tout bon cultivateur, dans son canton, reconnaît au premier coup-d'œil, non par la théorie, mais par une expérience exer-

(1) C'est dans la Flandre orientale et dans la Flandre occidentale que se trouvent le plus de prairies aigres, de mauvais herbages pour le foin et de mauvais pâturages de toute espèce : la nature de leur sol et leur situation varient à l'infini : ces prairies sont surtout celles qui se trouvent le long des ruisseaux, dans le pays d'Alost, le long du Bas-Escaut et du canal du Sas de Gand, sur les bords du canal dit *Moer-Vaert*, et de la rivière de Leede, soit Longue-Leede, soit Leede méridionale, et en général dans les bas-fonds.

cée, quelle est la nature du sol, à quel usage il est propre, et quels produits doivent y réussir le mieux.

Arrivé ainsi à l'examen de la question, je commence par établir que les causes naturelles des mauvaises qualités de quelques prés désignés communément sous le nom de *prairies aigres* ont principalement pour origine

1°. LE GISEMENT DÉSAVANTAGEUX DU SOL ;

2°. LA MAUVAISE NATURE DU SOL.

Ces deux causes principales donnent lieu à plusieurs espèces d'effets nuisibles, dont l'origine varie beaucoup, et contre lesquels il faut employer, par conséquent, des remèdes différens. Il est donc nécessaire de traiter séparément chacun des défauts qui peuvent se présenter. On commence ici par les causes particulières que l'on comprend dans la PREMIÈRE CATÉGORIE (*le gisement désavantageux du sol*), et on les divise en quatre paragraphes.

§ Ier.

D'abord la position du sol est quelquefois trop basse; il en résulte alors que les eaux pluviales, faute d'une dérivation convenable et d'un écoulement obtenu à temps utile, continuent de séjourner, et qu'elles s'élèvent à une telle hauteur que le sol tarde trop longtemps à sécher au printemps, et qu'il ne sèche pas jusqu'à la profondeur nécessaire pour que la racine des bons herbages s'y développe et y pousse avec succès. Le sol qui se trouve sujet à un pareil inconvénient, quand même la nature du terrain serait fort bonne, ne produit que de l'herbe dont les racines, aigries par les eaux stagnantes, tombent bientôt en pourriture, et qui se trouve, à la fin, remplacée par une infinité de plantes aquatiques, telles que les roseaux, les joncs, la plante dite *queue-de-chat*, le chardon des champs, et une foule d'autres.

Pour remédier, autant qu'on le peut, à ce défaut, il convient d'examiner si l'on n'a pas le moyen de faire descendre les eaux superflues vers des terres situées encore plus bas, soit en creusant des fossés ou des rigoles, soit par des conduits ou tuyaux souterrains. Est-on parvenu ainsi à mettre à découvert la surface du sol, au point que, dès le printemps, la partie séchée se trouve à un pied au dessus du niveau des eaux stagnantes; les joncs et les autres grosses plantes aquatiques ne se sont-ils pas trop multipliés, on extirpe ces plantes jusque sous leurs racines, au moyen de la bêche; on remplit de bonne terre sèche les trous que l'on vient de former, et on y jette de la graine de foin. Au mois de février, on répand sur le sol quatre à cinq voitures de cendres de savon, et deux voitures de cendres de Hollande pour chaque bonnier (1); et, au bout de trois ans, on renouvelle cette quantité des deux espèces de cendres. L'aigreur produite par les eaux superflues s'infiltre dans les terres et disparaît; le sol perd sa moiteur, et il devient plus fertile chaque année. En fauchant tous les ans le foin, en laissant paître le bétail dans la prairie, et en la faisant jouir du bienfait que procure la cendre jetée à la surface, on verra s'anéantir les plantes d'eau et les mauvaises herbes, en même

(1) Le bonnier de 3 arpens (1 hectare 34 ares 37 centiares). On entend par *une voiture* de cendres la charge de deux chevaux dans les chemins de terre.

temps que la motte de gazon se montrera plus pure et serrée.

§ II.

Si le sol dont on vient de parler était trop mauvais, ou si l'ivraie, le foin aigre, les joncs et les plantes d'eau y dominaient trop pour que le remède bien simple que l'on vient d'indiquer pût paraître suffisant, il faudrait jeter dans la prairie, dès le mois d'octobre, quatre à cinq voitures de chaux éteinte par bonnier; retourner en planches de jachère, de 4 pouces de profondeur, au moyen de la charrue, la motte de gazon défectueux, et laisser le tout en cet état jusqu'au mois de mars ou d'avril, époque à laquelle il serait nécessaire de faire un second labour de 6 à 7 pouces. On planterait dans ce terrain des pommes de terre, en leur saison convenable; et, après les avoir recueillies, on labourerait encore le sol en planches de jachère, de 4 à 5 pouces, qui seraient laissées en repos jusqu'au mois d'avril de l'année suivante. Parvenu à cette époque, il faudrait donner au sol un nouveau labour, et on y semerait de l'avoine à l'instant même. Alors on prendrait le parti de briser la terre à la herse, ou en y faisant passer le traîneau de branchage (1); ainsi aplanie, on y semerait 24 à 26 livres de graine de foin, qui devrait être serrée et refoulée dans le sol par le rouleau. Quelques semaines plus tard, lorsqu'on veut ôter de

(1) Voyez, pour la manière de *briser* ou *rompre* la surface d'une prairie, la page 34 du traité de l'*Agriculture pratique de la Flandre*; et, pour l'instrument aratoire nommé *traîneau de branchages*, la page 88 et la planche X du même ouvrage de M. van Aelbroeck. (Paris, madame *Huzard*, 1830, in-8°.) Le *rouleau* y figure à la planche XI.

l'avoine les mauvaises herbes qui repoussent, il faut avoir soin de n'arracher que les plantes les plus grosses, afin de ne point endommager ce qui doit devenir de bon foin. Quand l'avoine est récoltée, on jette sur le sol, redevenu libre, deux voitures de cendres de Hollande, et on y fait passer de nouveau le grand rouleau, afin de refouler et de raffermir la racine de la nouvelle motte de gazon, après que l'on a de nouveau arraché la plus grosse ivraie (1). Ces travaux présenteront le résultat suivant : 1° la chaux et la cendre, qui ont été répandues, réchauffent le sol et opèrent, comme dissolvant, sur tout ce qu'une terre de cette espèce contient ordinairement d'acide, en même temps qu'elles réduisent à l'état de putréfaction les germes, filamens, racines et radicules des mauvaises herbes et des plantes d'eau que la charrue a retournées (2). 2°. Cette putréfaction

(1) Voyez, sur l'emploi de ce mot *Ivraie*, la liste alphabétique des noms de végétaux mentionnés dans l'*Agriculture pratique de la Flandre*, page 331.

(2) Toutes les substances qui contiennent une assez grande quantité d'alcali peuvent servir à combattre l'aigreur et l'humidité froide qui détériorent beaucoup de terres : tels sont surtout la chaux éteinte, les diverses espèces de cendres, la suie des cheminées, le fumier de moutons, de chevaux et de pigeons ; l'engrais liquide, provenant des latrines, la cendre de savon, c'est à dire le résidu des savonneries ; le résidu des fabriques d'amidon, des imprimeries d'indiennes, des raffineries de sucre, surtout de ces raffineries où l'on emploie les os broyés et calcinés : tout cela réchauffe le sol ; tout cela fait grand bien aux bons herbages et détruit l'ivraie, les joncs, les plantes d'eau et la mousse. Les mêmes substances modifient ce qui, dans les parties nitreuses, sulfureuses ou huileuses des terres labourables ou des prairies, excède les besoins et peut nuire à la fertilité. Les personnes qui désirent améliorer ces sortes de terres peuvent donc se servir de l'une ou de l'autre des matières indiquées, en choisissant celles que l'on se procure avec le plus de facilité dans le voisinage, ou celles que l'expérience a fait reconnaître comme les plus utiles, d'après la

est accélérée ou même causée, en grande partie, par le second labour donné au sol, par la plantation des pommes de terre et par l'avoine qui a été semée : toutes ces choses contribuent à diminuer l'humidité froide du sol et à le rendre plus fertile. 3°. Peu de temps après la récolte des produits qu'on a semés, récolte qui compense très amplement tous les frais, l'herbe repousse et elle présente déjà un bon pâturage ; mais comme l'on sait que toute graine de foin contient une grande quantité de semences diverses de mauvaise herbe, laquelle réussit plus ou moins d'après la nature des diverses terres, et selon que celles-ci en contiennent plus ou moins le germe ou la racine, on sent la nécessité d'extirper de nouveau cette ivraie, au mois de mai ou de septembre. Si l'on procède ainsi, on est sûr d'avoir de bon foin ou un bon pâturage, et on voit, pendant deux ou trois années, l'herbage gagner continuellement en qualité comme en quantité; car, en fauchant le foin tous les ans, et encore mieux en y laissant paître le

---

nature du sol. Il est entendu que, pour la quantité des divers amendemens indiqués dans ce mémoire, surtout pour la cendre de savon et la chaux, elle doit être modifiée selon les circonstances, et se proportionner au plus ou moins d'humidité du terrain, à la quantité de mauvaises herbes, des joncs et des diverses plantes aquatiques dont le sol est infecté. Il est bon de remarquer aussi, 1° que la cendre de savon produit un plus grand effet, la seconde année, que dans l'année même où l'on s'en est servi; 2° qu'il faut se garder avec soin de répandre la cendre de savon ou la chaux sur un sol aride ou sablonneux, attendu qu'elles y feraient plus de mal que de bien ; 3° que la cendre de savon devient aujourd'hui si mauvaise, dans les fabriques du pays, que l'on commence à ne plus vouloir en faire usage et à préférer l'emploi de la chaux éteinte ou de la cendre ordinaire; enfin, qu'à défaut de cendres de Hollande, on y supplée par la cendre ordinaire du bois ; mais que, dans le cas où l'on aurait le dessein d'employer la cendre des charbons de terre, il faudrait en prendre le double de la quantité des cendres de Hollande.

bétail, on donne à la motte de gazon le moyen de se fortifier et de croître; et, à mesure qu'elle se ferme davantage, elle acquiert la force d'étouffer l'ivraie. Si toutefois on trouve, après ces opérations, que le sol n'est pas encore assez, purgé des mauvaises herbes, ou que l'avoine semée l'a épuisé trop, alors il est bon d'y jeter un engrais composé d'une quantité mélangée de six voitures de fumier consommé de chevaux, et de trois voitures de fumier de moutons; après cela, on y ressème de l'avoine ou de l'orge, avec de la graine de foin. Pour peu que, l'année suivante, on veuille répandre sur le tout cinquante hectolitres d'engrais liquide de vaches, vers la fin du mois de mars ou d'avril, l'amélioration aura été effectuée d'une manière plus complète et plus rapide.

§ III.

Dans le cas où les obstacles que présente le gisement du sol empêchent de faire écouler, par le procédé indiqué, toutes les eaux superflues, il ne reste plus d'autre moyen que de pratiquer au travers de la prairie, soit en long, soit en large, un certain nombre de fossés qui la divisent en bandes plus ou moins étroites, le tout pendant un été bien sec. La terre provenant de ces rigoles creusées à la bêche est superposée sur la partie du sol qui restait, en bandes oblongues, entre les fossés: la prairie est ainsi exhaussée, de manière qu'au printemps elle s'élève à un pied au dessus du niveau de l'eau. Assurément, la confection de ces fossés indispensables occasione une grande perte de terrain, puisque l'on anéantit ou que l'on rend improductive une grande partie de la surface du sol; mais, en compensation, les parties qui restent, pour la reproduction de l'herbage, et qui ont pris la forme de nos prairies, employées pour le blanchissage des toiles, se trouvent améliorées considérablement ; et le bon foin qu'elles produiront en plus grande quantité dédommagera bien le propriétaire. S'il arrive que la terre tirée des fossés creusés à la bêche ne soit pas d'une bonne qualité, on ne la jettera point sur la partie de sol destinée à rester en herbage, mais on retournera cette même partie du sol jusqu'à 8 ou 10 pouces de profondeur, et l'on mettra la bonne terre à la surface. Un habile ouvrier sait arranger cela d'après les circonstances, et il règle son travail à la bêche d'après la nature du sol et la situation. Plus tard, on laboure le sol, dans un temps sec, au mois d'avril ou de mai ; on y répand trois ou quatre voitures de chaux, et l'on y plante des pommes de terre, auxquelles on donne la moitié d'un engrais ordinaire, en fumier de cheval. Les pommes de terre étant recueillies, on laboure le terrain au mois d'octobre, et l'on y sème de l'orge d'hiver, avec de la graine de foin, sans engrais ou avec un demi-engrais (1). Il est certain que le produit de ces deux ou trois diverses récoltes rapportera bien au delà du montant des frais, à moins d'accidens extraordinaires, et l'on sera parvenu à porter une mauvaise prairie ou un mauvais pâturage au plus haut degré de perfection dont cette propriété fût susceptible.

§ IV.

Il existe une autre espèce de prairies dont le gisement

---

(1) Si le sol est passablement bon, le cultivateur fera bien d'y planter encore des pommes de terre la seconde année, et d'y semer du froment ou de l'orge, la troisième année, après un demi-engrais de fumier de cheval ou de mouton.

particulier donne aux herbages les plus mauvaises qualités, entre autres l'aigreur et l'âcreté. Ce sont les prairies situées au pied d'une montagne ou sur la pente d'une colline, surtout si des sources d'eau vive ou des eaux qui traversent le sol se joignent à ce premier inconvénient. La couche inférieure d'un terrain situé ainsi est ordinairement trop dure et trop compacte; cette circonstance et une position trop escarpée empêchent les eaux de s'infiltrer dans la terre, et ne leur permettent que de glisser avec lenteur entre les racines de l'herbe, en tenant la terre dans un état continuel de moiteur, ce qui amène inévitablement une masse de mauvaises herbes de toute espèce, et, dans quelques endroits, cette plante fatale dont le nom botanique est *ranunculus sceleratus,* et que les habitans de nos campagnes désignent sous le nom de *morceau du diable* (1).

Pour obvier, autant que possible, à cet inconvénient, il faut tracer, un peu plus haut que l'endroit où se trouve l'origine du mal, une ou deux fosses transversales, qui soient en ligne parallèle avec les parties du terrain dans lesquelles on s'aperçoit qu'il y à le plus d'aigreur et une plus forte quantité de mauvaises herbes. On donne à ces fossés une profondeur suffisante pour que les eaux qui s'écoulent puissent y être contenues en totalité, jusqu'à ce que l'on parvienne à leur procurer une dérivation, soit vers des fossés voisins, soit vers des fossés que l'on creuse au besoin. Si la situation du sol ne le permet point, ou que la chose ne soit prati-

---

(1) Le nom flamand de cette plante est *duivels-bete*; le nom français, dans quelques provinces, est *buot*. Linnée la désigne sous le nom de *Ranunculus sceleratus*. Elle est très malsaine pour le bétail, et surtout pour les moutons : elle se trouve dans les terrains marécageux et au bord des digues qui entourent des eaux stagnantes.

cable qu'en partie, on se borne à faire plusieurs petits fossés qui partent du grand fossé transversal, et qui le coupent à angle droit ou bien en diagonale, de manière à passer au travers des parties de la prairie où les mauvaises herbes se montrent avec le plus d'abondance. Un pareil travail, exécuté par un ouvrier intelligent et attentif, qui ait égard aux circonstances locales, suffira pour que l'humidité excessive disparaisse peu à peu, à mesure que les eaux superflues suivent la direction qui leur est donnée au moyen de tous ces conduits. Pendant la même année, on extirpe, à la bêche, les joncs et les autres mauvaises herbes les plus grosses; on répand la chaux et la cendre comme il a été dit ci-dessus; on renouvelle cette dernière opération au bout de trois ans, ou bien on jette sur le sol une quantité de bonne terre, à la hauteur d'un pouce, et l'on voit bientôt la motte de bon gazon y pousser de nouvelles racines, la chaux ayant anéanti, en grande partie, la mauvaise herbe et favorisé la croissance des bons herbages. Mais si le mal est trop invétéré, si les plantes aigres et malfaisantes ont trop pris le dessus, ou si le sol du pâturage paraît trop dur, trop compacte pour que les opérations indiquées, avec le secours des amendemens désignés, amènent la destruction de l'ivraie et le développement des bons herbages, il faut se résoudre à retourner le sol, au moyen de la charrue ou de la bêche, jusqu'à une profondeur de 8 à 10 pouces, plus ou moins, selon ce qu'exige la circonstance, et semer ou planter, pendant deux ou trois ans, les divers produits déjà indiqués : après cela, on peut être assuré qu'on sera parvenu à son but, autant que la chose était possible.

§ V.

Je n'ai pas déterminé ci-dessus, au juste, combien de livres de graine de foin il faut semer par bonnier, cela dépend de la nature de sdiverses prairies : les unes exigent une plus forte quantité de semence que les autres; d'ailleurs, la graine est d'une qualité inférieure ou meilleure; elle réussit mieux ou moins bien; elle fournit un herbage plus ou moins épais. Les espèces que l'on regarde comme les meilleures en Flandre, et que j'emploie moi-même ordinairement, dans les proportions que je vais indiquer, sont :

1°. La plante dite en flamand *Lammersteert* (queue-d'agneau), en français *fléau*, *fléole* ou *phléole* (*Phleum pratense*). . . . . . 6 livres.

2°. Celle qu'on appelle *Vosse-steèrt* (*Alopecurus pratensis*). . . . . 6 livres.

3°. Celle qui porte le nom de *bemd-gras*, gazon des prés (*Poa pratensis*, ou *trivialis*). . 6 livres.

4°. Celle qu'on appelle *knoop-gras*, gazon à nœuds (*Festuca elatior*). . . . . . . 4 livres.

5°. Le trèfle (*Trifolium pratense*, *Trifolium repens*). . . . . 4 livres.

Total : 26 livres par bonnier (1).

Je trouve utile de mélanger ainsi les diverses espèces de graminées que je viens de nommer, la pratique m'ayant démontré que souvent l'une ou l'autre de ces espèces réussit mieux dans telle ou telle sorte de terrain, y trouve plus facilement les sucs nourriciers qui lui conviennent, s'y développe davantage et y dure

(1) La *livre* dont il s'agit vaut 43 grammes 38 centigrammes. Le *bonnier* (de 3 arpens) vaut 1 hectare 34 ares 37 centiares.

plus de temps. — Au reste, il est impossible de prescrire, à cet égard, une règle certaine et invariable : tout cela doit se modifier d'après les localités. Mais il vaut toujours mieux employer trop de semence que d'en jeter trop peu. L'expérience et le jugement dirigeront la conduite du cultivateur : il sait que, dans les divers cantons, les terres ont quelque chose de spécial qui donne plus de force et de valeur à telle ou telle sorte de graminées, et il verra bien quelles sont les diverses espèces de plantes plus particulièrement propres à son terrain, qui repoussent en grande quantité au milieu des semences qu'il a répandues sur le sol. En effet, on dirait que les terres des divers cantons contiennent naturellement le germe de certains herbages qui ne demandent qu'à se développer, et qui, selon les circonstances des saisons et de l'atmosphère, poussent avec plus ou moins de vigueur, au point d'étouffer quelquefois, en de certaines années, les graminées que l'on vient de semer. C'est en me fondant sur cette expérience que je me suis déterminé souvent à prendre, pour l'ensemencement d'un terrain, les précautions suivantes. D'après la quantité de graines dont j'avais besoin, je tenais en réserve quelques *verges* (1) d'un pré où se trouvaient les meilleures sortes d'herbages, et j'y laissais le foin sur pied, pendant dix ou douze jours au delà du temps ordinaire des récoltes, afin de m'assurer que la semence de ces herbages de choix parviendrait à la plus parfaite maturité. La graine étant bien mûre, je faisais faucher le foin réservé, et, du moment où il était sec, je faisais tomber la graine, tout de suite, au moyen du battoir : de cette manière,

---

(1) La verge de Flandre vaut 14 à 15 centiares.

j'obtenais un excellent mélange des meilleures espèces de graminées de mon canton. Je me suis toujours trouvé plus satisfait du résultat, quand j'avais semé la graine récoltée ainsi, que du produit ou de la durée des herbages provenus de quelques autres semences, qui, trop souvent, cessent de repousser la deuxième ou troisième année, principalement le *phleum pratense*. Quand je n'avais pas sous la main ce qu'il me fallait, au temps des semailles, je me contentais de la meilleure graine ramassée dans la poussière qui reste au grenier après que le foin est enlevé. C'était un moyen économique, mais une opération peu profitable : d'abord, il me fallait bien le triple de la quantité ordinaire de semence, puisqu'une grande partie de celle que j'avais ramassée n'était pas suffisamment mûre; et, après cela, je voyais repousser une plus grande quantité d'ivraie qu'après avoir semé de la graine pure soigneusement récoltée, ce qui augmentait le travail à l'époque où il fallait nettoyer ma prairie. Quoi qu'il en soit, on ne saurait jamais trop recommander cette opération de sarclage ; il est impossible d'avoir une bonne prairie, si l'on néglige d'arracher la grosse ivraie qui se reproduit dans l'herbage, surtout les deux ou trois premières années : en l'arrachant, on donne à la bonne espèce d'herbes plus d'espace pour se développer, plus de latitude pour se former en masse bien serrée, ce qui empêche le progrès ultérieur des mauvaises plantes.

Il importe beaucoup, quand on veut former un bon pâturage, de bien diviser et de semer d'une manière égale et légère les plus fines espèces de graminées, telles que le *phleum pratense* : il faut, pour cela, que l'ouvrier ait une grande dextérité. Pour obtenir, autant qu'il était possible, cette bonne division des graines, voici comment je m'y prenais quelquefois : je faisais étendre une couche de sciure de bois sur une large pièce de toile étalée par terre ; par dessus la sciure je mettais une couche de semence de foin, répandue avec soin et d'une manière bien égale ; sur la semence venait une nouvelle couche superposée de sciure ou de cendres, de façon qu'il y avait deux fois plus de cendres ou de sciure que de semences de graminées ; je faisais mêler ensemble, à deux mains, ce qui composait les trois couches, et on réunissait le tout dans une cuve ou dans un sac. L'opération se répétait jusqu'à ce qu'il y eût la quantité nécessaire de graines pour le sol que je voulais ensemencer. L'ouvrier pouvait alors, avec toute facilité, répandre convenablement la graine sur le sol, et faire un semis de la plus parfaite égalité.

Quelques personnes diront peut-être que tant d'opérations indiquées, tant de fumier exigé pour le succès des travaux, doivent élever excessivement les frais des améliorations à obtenir. Une pareille objection viendra, surtout, de la part de ces propriétaires et fermiers paresseux ou peu zélés, qui restent attachés, en esclaves, aux anciens usages et à une aveugle routine, sans jamais vouloir prêter l'oreille aux conseils des hommes dont les efforts tendent sans cesse vers le progrès. L'avarice viendra aussi au secours de l'indolence, chaque fois que l'on proposera quelque essai en dehors des travaux journaliers et accoutumés. Pour la satisfaction des amateurs de cette classe, je me bornerai à dire qu'en suivant ma méthode, pour des prairies dont le sol était d'une nature passable, j'ai réussi très souvent à y produire, deux années de suite, de bonnes pommes de terre ou de l'avoine, sans aucune dépense de fumier : je n'avais pas besoin d'autre engrais que de la motte de gazon pourrie, que je faisais retourner en labourant le pré : cela produisait un assez bon effet, quoique, sans doute, à un degré moins satisfaisant qu'avec l'emploi de bons engrais. Il s'ensuit que, dans le cas où l'on n'ait point le fumier nécessaire, ou que l'on désire l'épargner, on peut se livrer aux opérations que je viens d'indiquer, sauf à se dispenser de l'emploi des engrais. L'amélioration qu'éprouveront les prairies compensera au moins le travail, surtout si l'on veut consentir à la faible dépense d'une quantité de chaux éteinte, pour la première année, amendement qui donnera au sol ce qui lui manque de sécheresse et de chaleur, en même temps que les plantes aigres seront anéanties.

Passons à la seconde CATÉGORIE DES CAUSES PRINCIPALES qui donnent aux prairies la qualité de *prairies aigres*.

La DEUXIÈME CAUSE PRINCIPALE de l'*aigreur* des prairies est *la mauvaise nature du sol.*

Les causes particulières qui rentrent dans cette seconde catégorie seront également traitées en quatre paragraphes.

§ Ier.

La première de ces causes particulières est la maigreur ou l'aridité de quelques prairies, de celles surtout qui contiennent trop de sable ou de sablon, et qui, en hiver, ne reçoivent point les irrigations venant d'un sol composé de bonne terre glaise, ou, d'ailleurs, bien cultivé. Ces pâturages sont très mauvais ; l'herbe en est sèche, mince et aigre, mêlée de diverses espèces de jonc fin et menu. On ne peut guère trouver de remèdes efficaces pour amender, jusqu'à un certain point, de semblables prairies ; les frais dépasseraient la valeur de l'amélioration. Tout ce qu'il est possible d'essayer, avec quelque espoir, se borne à de copieuses aspersions d'urine de vache, et à un engrais composé de résidu des fabriques d'amidon et des raffineries de sucre, de fumier des rues, de fumier de cochons, dans lequel on mêle une grande quantité de terre extraite des fossés autour des champs bien cultivés. Plus on emploie de ces divers engrais, ensemble ou séparément, et plus il y a de chances de succès : elles seront encore plus probables, si le sol contient un peu de terre glaise, et s'il n'est pas d'une aridité excessive. Mais c'est une opération qu'il sera nécessaire de renouveler de temps à autre, par exemple tous les trois ou quatre ans, sous peine de perdre tous les fruits du travail. Quand on s'aperçoit que rien de tout cela ne peut réussir, on n'a plus autre chose à faire que de planter, dans un semblable terrain, un bois taillis d'aunes, avec quelques rangées de saules ; ce qui sera d'un rapport infiniment meilleur qu'un mauvais pâturage.

§ II.

La seconde cause particulière, qui rentre dans la catégorie de la mauvaise nature du sol, est celle qui se présente quand une terre glaise trop lourde et une terre argileuse rendent le sol tellement compacte et dur, que les radicules de la bonne motte de gazon ne peuvent pas s'étendre et se développer assez bien pour y puiser la nourriture dont elles ont besoin ; telles sont ordinairement les terres qui se trouvent encore dans leur état primitif, les terres vierges que le soc de la charrue ou les coups de bêche n'ont jamais entamées, et sur lesquelles, faute d'irrigations, aucune terre nouvelle n'a pu être amenée pour exhausser le sol ancien. Alors le sol est froid, humide, serré au point de ne pas se laisser pénétrer par les eaux pluviales, et de rester inaccessible à l'influence bienfaisante du soleil et de l'air ; les bons herbages continuent d'y languir, tandis que les joncs et toute cette famille de plantes inutiles ou nuisibles se propagent avec plus de facilité. — Il faut également compter au nombre des mauvais pâturages ceux dont le sol se compose d'une trop grande quantité de sable ou de sablon, ou bien qui contiennent une couche de tuf bleuâtre ou blanc peu éloignée de la surface. Rien n'est plus difficile que d'améliorer ces sortes de pâturages d'une manière un peu satisfaisante ; on est bientôt effrayé par la peine et par la dépense, et l'on se dégoûte de l'essai. Voici comment je m'y suis pris quelquefois, en pareille circonstance, et je m'en suis passablement bien trouvé : je faisais labourer mon terrain à une profondeur convenable au moyen de la charrue de Malines (1), ou, ce qui valait encore mieux, je le faisais bêcher ; puis, je le divisais en planches de 20 pieds de largeur, avec des fossés larges de 2 pieds et ayant un pied et demi de profondeur. Après avoir fait étendre sur la surface la terre extraite de ces fossés, je plantais de trois rangées de bois taillis d'aunes chacune des divisions exhaussées entre les fossés : il en résultait, tous les sept à huit ans, une bonne coupe de bois, et chaque année, autant que

(1) C'est la charrue à pieds, sans roues, ayant le soc dans une position verticale, pour entrer jusqu'à 10 ou 12 pouces de profondeur : elle est décrite, page 87, et figurée, planche IV du Traité de l'*agriculture pratique de la Flandre*, par M. van Aelbroeck.

possible, une récolte de foin, fauché entre les rangées d'aunes. Ce qu'il y a de meilleur dans ce foin se donne en vert, dans l'étable, aux bêtes à cornes, et sec, pendant l'hiver, aux chevaux et vaches : l'herbage de qualité inférieure est employé dans les étables pour faire litière et se convertir en fumier. A la longue, la couche supérieure du sol finit par s'améliorer, à mesure qu'il est amendé par l'engrais que donnent les feuilles qui tombent et par la superposition des terres extraites des fossés, que l'on a soin de nettoyer à temps. Quelquefois aussi la terre glaise, ou l'argile, n'a pas une si grande dureté, ou bien la mauvaise couche n'est guère que de 8 à 9 pouces : on trouve, plus bas, une espèce de terre glaise moins compacte : il y a peu de sable et de sablon ; il devient possible d'entremêler tout cela, jusqu'à certain point, soit par le labour, soit à la bêche : alors, pendant deux ou trois années, on y plante des pommes de terre : la première année, on répand de la chaux ; plus tard, on emploie un fumier de cheval, et l'on finit par y semer de l'orge ou de l'avoine et de la graine de foin et de trèfle. Toutes ces opérations allègent, ouvrent et sèchent le sol, sans cesse remué et retourné : l'influence du soleil et de l'air s'y fait sentir et le pâturage devient plus productif. Si la terre est encore trop serrée, ou si elle a un gisement trop élevé, trop sec, pour un pré à faucher, au moins elle pourra servir de pâturage, et l'herbe en sera d'une bonne qualité, sèche ; excellente nourriture pour les bêtes à cornes, qui la mangeront avidement.

Si le terrain dont il s'agit se trouvait trop bas ou trop humide pour la culture des pommes de terre, il faudrait, au mois de septembre, jeter sur la mauvaise motte de gazon quatre ou cinq voitures de chaux par bonnier et labourer la terre à 3 ou 4 pouces de profondeur, en la renversant en planche de jachère : on la laisserait jusqu'au mois de mars ou d'avril, époque où il faudrait, pendant un temps bien sec, lui donner un nouveau labour, à 5 ou 6 pouces, la charrue étant suivie par quelques ouvriers chargés de prendre, à la bêche, dans chaque sillon, deux ou trois pelletées de terre et de les poser debout sur le sol labouré : trois semaines plus tard, on briserait, à la herse renversée, les mottes de terre ainsi posées perpendiculairement, et on répandrait sur le tout deux ou trois voitures de cendres hollandaises, ou quatre à cinq voitures de fumier, composé des immondices des rues; entremêlant ces engrais d'une quantité triple ou quadruple de bonne terre sèche; on y semerait deux années de suite de l'orge d'été, ou de l'avoine, après avoir disposé le terrain en planches plus ou moins larges, sur lesquelles il faudrait jeter la terre provenant des sillons, et faire entrer cette terre avec la graine dans le sol, par le moyen de la herse renversée. La seconde année, on semerait la quantité nécessaire de graine de foin dans l'orge d'été ou dans l'avoine, de la manière qui a été indiquée plus haut. Quand l'orge ou l'avoine est mûre et récoltée, on voit les bons herbages en pleine croissance, de même que l'ivraie : on a soin d'extirper celle-ci, au moins les plantes les plus fortes, dès la première quinzaine; et, vers la fin de septembre, on fauche le reste avec le foin qui a poussé, ou bien on y mène paître les bêtes à cornes. C'est ainsi que l'on s'est procuré enfin un pâturage, qui se trouve amélioré, autant qu'il en était susceptible, et les frais de l'amélioration sont compensés par la récolte d'orge ou d'avoine.

§ III.

Il existe une troisième espèce de prairies aigres, dont le sol est aqueux et marécageux : la teinte en est ordinairement d'un brun foncé, entremêlé de veines, tantôt grisâtres et tantôt couleur de rouille ; l'eau qui en sort est d'une teinte rougeâtre ou rousse. Un sol de cette nature est infecté de substances aigres et acides ; on y voit pousser en abondance les joncs, *la queue-de-chat*, le *ranunculus sceleratus*, ainsi que beaucoup d'autres plantes malfaisantes ; et, en général, il ne mérite guère l'attention des cultivateurs. Cette sorte de pâturage est d'autant plus mauvaise que les bêtes à cornes, peu accoutumées à une pareille nourriture, âcre et amère, deviennent quelquefois malades par l'usage de ces herbes : elles répandent du sang, mêlé dans les urines, et elles ne fournissent plus de laitage de bonne qualité. Cependant je me suis rendu quelquefois acquéreur de semblables pâturages, à cause du bas prix auquel je pouvais me les procurer, et en considération du succès que je me promettais de mes essais pour les améliorer. Dans cet espoir, je commençais, à l'époque des plus grandes sécheresses d'été, par diviser le sol aqueux en un grand nombre de parties entrecoupées de fossés, afin de parvenir à l'écoulement, au moins partiel, des eaux superflues, qui donnaient au pâturage une aigreur excessive : je tâchais d'amener ces eaux dans les conduits et courans voisins. La terre provenant des fossés que je creusais était jetée sur les digues, et on la remuait à la bêche avec le reste du sol, à une pelletée et demie de profondeur ; de telle façon que la demi-pelletée de terre prise à la surface, et où se trouvait la plus grande quantité d'ivraie et de mauvaises plantes, était retournée la première, les pointes de l'herbe tournées en l'air, et on la déposait au fond du trou préparé ; après quoi, la pelletée entière et complète de l'autre terre était jetée sur la première demi-pelletée, afin que l'ivraie fût d'autant mieux étouffée. Ceci terminé, on répandait de la chaux éteinte, dans la proportion de quatre à cinq voitures par bonnier, et on la mêlait, dans le sol, à coups de herse. Le pâturage restait en cet état jusqu'au mois de mai : alors, je lui donnais un labour de 4 à 5 pouces, et j'y plantais des pommes de terre, auxquelles je donnais un engrais ordinaire de fumier. La seconde année, je cultivais des pommes de terre une seconde fois avec un demi-engrais ; la troisième année, je donnais au-sol quelques voitures d'immondices des rues, et je semais de l'orge d'été avec de la graine de foin. La première année, je n'avais que des pommes de terre de médiocre qualité, mais, la seconde année, elles avaient réussi à souhait, tant pour la qualité que pour la quantité ; la troisième année, l'orge me présentait une riche et excellente récolte. Cette orge ayant été enlevée, je voyais prospérer déjà les herbages que j'avais semés, sauf un grand mélange d'ivraie : après quinze jours, l'ivraie ayant pris le dessus, et menaçant d'étouffer l'herbe, je faisais arracher, autant qu'il était possible, ce qu'il y avait de plus fort dans les mauvaises plantes, et je finissais par faire passer le grand rouleau sur le terrain entier, pour raffermir la racine des bonnes jeunes plantes. Au mois de septembre, j'avais déjà une demi-récolte de foin, que je faisais faucher de préférence. Je dis *de préférence*, parce qu'en fauchant on dompte beaucoup mieux l'ivraie que si l'on menait paître le bétail dans le pâturage : les bêtes à cornes éprouvent de l'aversion à l'aspect de plusieurs espèces d'ivraie, et elles ne veulent pas y toucher des dents ; le sol d'ailleurs n'étant pas encore assez raffermi, le piétinement des animaux le rend inégal et endommage l'herbe naissante.

Les fossés que j'avais creusés, le labour et les autres opérations que le sol venait de subir, la présence de la chaux et du fumier, tous ces moyens réunis ne tardaient guère à remédier au mal; on s'apercevait bientôt d'un grand progrès : la terre était moins froide et plus sèche; elle prenait une autre teinte et elle devenait fertile. C'est ainsi que, sans compter le produit des récoltes, qui dépassait les frais, j'ai converti en bonnes prairies, propres à être fauchées ou à servir de pâturages, un terrain presque abandonné : elles ont continué à donner des valeurs quatre fois plus fortes qu'avant les travaux entrepris.

Mais il faut dire aussi que, pour maintenir cette propriété en bon état, je suis obligé de nettoyer, au bout de trois ou quatre ans, tous les fossés d'écoulement, d'en ôter la terre qui peut y être tombée, d'en extraire les mauvaises herbes qui poussaient. De tout cela on forme des tas ou petits monticules avant l'hiver, et, plus tard, on les ouvre et on en répand la masse éparpillée sur le sol, qui en devient chaque fois plus élevé, plus sec et plus fertile. J'ai amélioré de cette manière bien de mauvais pâturages marécageux, et je m'occupe encore actuellement de semblables travaux dans mon district.

Il est vrai que j'ai remarqué plus d'une fois que certaines prairies de cette espèce, formées par des étangs ou des viviers comblés, avaient un sol trop humide et d'une trop grande âcreté pour que les améliorations tendantes à le convertir en pâturage ou en terre labourable fussent de quelque effet après trois ou quatre années : les mauvaises plantes, qui appartiennent plus spécialement à la nature de ces terrains, y repoussaient vite et en abondance. Pour en venir à bout, j'ai imaginé un moyen : quand la prairie excessivement aqueuse avait servi de pâturage pendant trois ans, je la cultivais pendant trois autres années consécutives, comme terre labourable, d'après la méthode indiquée ; après quoi elle redevenait pâturage pour trois ou quatre ans, et ainsi de suite, de manière à changer tout à fait de culture dans chaque intervalle de trois ou quatre années. Cela m'a d'autant mieux réussi, que la motte de gazon, formée dans les trois ou quatre ans, étant labourée ou bêchée, sert d'engrais, et qu'il suffit d'y ajouter un peu de chaux ou de cendres pour y cultiver de nouveau la pomme de terre et plus tard de l'orge, de l'avoine et même du froment. Il est clair que, par ce travail continuel, on améliore le sol de plus en plus.

§ IV.

Maintenant il convient de dire qu'à proximité des meilleures prairies on en trouve souvent de très médiocres, qui donnent de l'herbe excessivement menue et en faible quantité, quoiqu'il y ait peu de différence dans le gisement et dans la qualité du sol des unes et des autres, et quoiqu'elles reçoivent toutes également bien ou mal l'irrigation des rivières ou des sources voisines. Beaucoup de personnes avouent qu'elles ne connaissent point la cause d'un pareil phénomène. Pour peu qu'on y réfléchisse et que l'on ait quelques notions pratiques de ce qui regarde les prairies, on conçoit aisément que l'origine du mal n'étant ni dans le gisement ni dans la nature du sol, c'est à l'impéritie et à la négligence du propriétaire ou du fermier qu'il faut s'en prendre. Puisque ces prairies se trouvent dans le même canton, et souvent à côté l'une de l'autre, enfin, puisqu'il n'y a guère de différence dans la nature du sol, elles pourraient évidemment fournir des herbages de la même valeur, soit pour la qualité, soit pour la quantité. On se trompe, néanmoins, si l'on s'imagine, comme le prétendent bien des gens, que les prairies d'une bonne qualité, qui fournissent du foin d'une excellente espèce, doivent conserver toutes également ces avantages en raison du temps plus ou moins favorable qui règne au printemps et en été. C'est là une erreur grave : dans la nature, tout est sujet à se détériorer, et les prairies ne sont point exceptées de la règle ; tôt ou tard le meilleur gazon finit par vieillir et s'user, comme toute autre chose. Quelques années d'excessives sécheresses ou de fortes gelées, un vent du nord piquant et sec, qui se prolonge pendant les mois d'avril et de mai, tout cela peut agir sur une prairie plus ou moins que sur une autre, et endommager à différens degrés le gazon dont elle se compose. Les eaux trop abondantes, et même les vents, peuvent y amener, en quantité plus forte ou plus faible, des semences d'ivraie et de plantes malfaisantes qui usurpent la place de la motte de gazon usée ou à moitié pourrie : c'est ce que j'ai vu fréquemment. Alors, pour combattre le mal, voici comment j'opérais : j'avais, par exemple, un bonnier de prairie qui, après avoir donné, pendant plusieurs années, beaucoup de foin de la meilleure espèce, ne présentait plus qu'un gazon tout à fait détérioré, en conséquence de l'extrême sécheresse de deux printemps et de deux étés ; le foin était devenu si court, si menu, si aride, que je ne récoltais plus un tiers du produit ordinaire : eh bien, au mois de septembre, je prenais dans les fossés voisins, qui avaient besoin d'être nettoyés, quatorze à seize voitures de bonne terre, à laquelle je mêlais trois voitures de fumier de cochon et trois à quatre voitures de chaux ; de ce mélange je formais un grand tas ; au commencement de mars, cette masse était remuée à la bêche, et l'on brisait en petites fractions la terre et le fumier, qu'on remettait de nouveau en un tas : trois ou quatre semaines plus tard, dans un temps sec, le tout se transportait sur le pré, où le mélange s'éparpillait de façon à exhausser le sol d'environ un pouce. Les racines de la motte de gazon usée y puisaient une nouvelle nourriture et acquéraient de la vigueur ; l'herbe repoussait plus fraîche et meilleure ; je trouvais bientôt que le foin avait la quantité et la qualité ordinaires. Cette amélioration devenait d'autant plus certaine et plus durable si, l'année suivante, au mois d'avril, je donnais au terrain un arrosement d'urine de vaches. Quand, toutefois, ces moyens me paraissaient trop dispendieux, surtout si les prairies se trouvaient situées de manière à recevoir, en hiver, les irrigations des rivières ou des sources voisines, je me contentais d'un travail plus simple. Au mois de mars, je faisais passer la charrue dans la prairie, à trois pouces de profondeur ; et, au moyen de la herse renversée, j'ouvrais et je brisais les mottes de terre, autant que je pouvais : alors j'y semais de l'avoine, à raison de trois sacs par bonnier, avec 12 à 14 livres de bonne et pure semence de foin. Après la récolte de l'avoine, les radicules de la vieille motte de gazon s'étaient déjà renouvelées en grande partie, dans la terre brisée; l'herbe qu'elles faisaient pousser, jointe au produit de la nouvelle graine de foin, donnait, l'année suivante, une assez belle récolte, au moins pour la qualité, quoique peu abondante, par la raison que la jeune motte de gazon, trop peu resserrée la première année, fournissait des brins d'herbe trop isolés. Mais, la seconde année, cet inconvénient disparaissait, et ma prairie devenait aussi bonne qu'auparavant, sans le céder en rien aux autres prairies du canton. Dans l'intervalle, mon avoine récoltée m'avait donné un produit qui valait bien celui d'une bonne année de foin. Il m'est arrivé aussi de semer l'avoine deux années de suite sur de semblables prairies : l'avoine réussissait ordinairement mieux la seconde année, parce que la graine avait joui davantage de l'engrais que fournissait la motte de gazon, retournée par le soc de la charrue et tombée en putréfaction. Ajoutons que, la seconde année, la terre étant mieux rompue et divisée, les racines pouvaient s'étendre plus aisément. Mais si je semais de l'avoine deux fois de suite, sans donner de fumier, dans un terrain qui n'appartenait pas à la meilleure espèce de prairies, le sol s'amaigrissait nécessairement, et je me voyais obligé d'y répandre trois voitures de cendres de Hollande par bonnier (1).

(1) Il ne me semble pas inutile de remarquer, ici, que l'expérience m'a fait connaître à quel point, dans les travaux d'amélioration des prairies, on peut tirer parti des jets que l'on détache de l'orge employée par les brasseurs de bière. Ces jets d'orge sont telle-

Je viens d'exposer tout ce que j'ai fait, et tout ce que j'ai vu faire dans mon canton, depuis quarante ans, pour améliorer les prairies. Mais il est impossible de suivre toujours et partout, à la lettre, ce que je viens de dire : la quantité ou l'espèce de fumier, les travaux plus ou moins complets, tout cela est subordonné aux circonstances ; il faut que l'ouvrier ait assez de jugement pour modifier les moyens d'amélioration, en raison des besoins et des localités ; on ne peut jamais lui recommander assez d'y mettre toute son attention et tous ses soins.

Pour stimuler davantage le zèle des cultivateurs, je leur présenterai les observations suivantes :

1°. La valeur des divers produits agricoles, semés ou plantés, afin d'améliorer le sol et l'herbe des prairies, présentera, dans le temps des récoltes, à peu près l'équivalent de tous les frais, des contributions foncières et du prix de bail.

2°. Il n'existe point de terres d'une nature tellement mauvaise, qu'elles ne soient susceptibles d'améliora-

---

ment utiles, que j'ai toujours tâché de m'en procurer la plus grande quantité possible, au mois d'avril, pour les faire mettre sur mes prés, à raison de quatre-vingts à cent sacs par bonnier. Comme il est difficile de les répartir avec égalité sur tous les points du sol qu'on veut amender, je les fais éparpiller, au moyen d'un balai de bouleau, dans les endroits où ils sont tombés en masse trop épaisse. Au bout de quinze jours, pour peu qu'il y ait eu quelque bonne pluie, tout le monde paraît étonné du changement favorable qui s'est opéré dans les herbages couverts de jets d'orge, en comparaison des herbages pour lesquels on n'a pas fait cet essai, que je recommande fort à tous les cultivateurs. Cependant ces jets d'orge, que chacun pouvait se procurer à peu près *gratis* à l'époque où l'on commençait à les employer, ont fini par être si fort recherchés, que les brasseurs ne les cèdent plus qu'à raison de 50 à 60 centimes le sac, ce qui en diminue l'usage.

tions plus ou moins satisfaisantes sous la charrue d'un bon agriculteur. Lorsqu'on aura quelques doutes sur le succès éventuel des moyens que proposent ou qu'imaginent les hommes de l'art, on fera très bien de s'en rapporter à sa propre expérience, dont les enseignemens sont toujours plus sûrs que la leçon fondée sur des théories : que l'on essaie donc les remèdes indiqués, mais en commençant l'épreuve sur une fraction peu importante du terrain où le besoin d'une amélioration se fait sentir ; on verra, par le résultat, jusqu'à quel point il conviendra d'appliquer à toute l'étendue de la propriété les opérations tentées sur une partie du sol.

Comme développement de mon mémoire et pour éclaircir encore la question posée, j'ajouterai :

1°. Que l'on ne saurait trop insister sur l'avantage qu'une longue expérience m'a fait trouver dans l'expédient de convertir en terre labourable, pendant deux, trois ou quatre années, le sol des prairies aigres, afin de l'améliorer ainsi et d'extirper les mauvaises espèces de foin ou d'herbages qu'elles produisent, ainsi que l'ivraie qui s'y multipliait ; on peut y cultiver des pommes de terre ou des céréales : un agronome intelligent se décide sur la préférence à donner aux unes et aux autres, d'après le gisement et la nature du sol, circonstances qui l'éclaireront de même sur le mode le plus avantageux de diriger cette culture.

2°. Quand je me déterminais à convertir des prairies en terres labourables, et que mon terrain me paraissait également propre à la culture de l'orge et à celle de l'avoine, je donnais quelquefois la préférence à l'orge, dès qu'il s'agissait des derniers travaux à faire sur le sol : l'orge arrivant très vite à sa maturité complète, et pouvant se récolter trois mois plus tôt que l'avoine, il en résulte que la graine de foin a le temps de mieux pousser la même année (1). Cependant j'obtenais d'ordinaire, dans les terres dont je viens de parler, une récolte d'avoine plus abondante et meilleure que mon orge. Cela tenait uniquement à ce que le sol n'était pas suffisamment nettoyé des matières aigres, par la culture qu'on lui avait donnée, tandis que l'orge est d'une nature très délicate, et souffre beaucoup de la présence de toutes ces acidités. Il faut y faire une grande attention quand on veut semer cette espèce de céréales.

3°. Plus mon sol était de mauvaise qualité, et plus volontiers je donnais la préférence à la culture des pommes de terre ; bien entendu, quand le gisement n'était pas trop bas et qu'il n'y avait pas trop d'humidité, ou du moins quand il devenait possible de faire disparaître

---

(1) Quelques personnes m'objecteront peut-être que l'opération qui consiste à semer du foin dans l'avoine ou dans l'orge n'est pas des meilleures ; que le chaume de ces deux céréales contribue trop à rendre le sol léger, et qu'alors la motte de gazon ne peut se resserrer assez bien : c'est un point auquel j'attache peu d'importance. Il n'y a pas de mal à ce que l'herbe nouvelle repousse, la première année, dans un sol un peu léger ; elle y développera d'autant mieux ses racines et radicules. D'ailleurs, pendant cette première année, on peut raffermir suffisamment le terrain au moyen du grand rouleau ; et, la seconde année, le chaume, tombé en pourriture, donne quelque engrais au sol et à l'herbage. — Les années suivantes, le sol se resserre assez bien de lui-même, selon la manière dont il se trouve composé. J'admets, cependant, qu'après avoir employé son terrain pendant deux ou trois années, comme terre labourable, et quand on l'a purgé, autant que cela était possible, de ce qu'il contenait d'aigre et d'acide, on peut bien faire le sacrifice d'une dernière récolte, soit d'avoine, soit d'orge ou de pommes de terre, et se borner à semer du foin, au mois de mars ou d'avril, dans un sol bien préparé et bien travaillé. J'avoue aussi que ce foin croîtra d'une manière plus égale que le foin semé dans l'avoine ou dans l'orge ; mais, cette première année, la quantité sera moindre.

ces inconvéniens au moyen de la division en planches de 3 ou 4 pas de largeur, séparées par des rigoles intermédiaires, larges d'un pied, et ayant un pied et demi de profondeur : je procurais ainsi à mon plant de pommes de terre le degré de sécheresse dont il avait besoin.

Il m'est arrivé de planter des pommes de terre, deux ou trois années de suite, dans les mauvaises prairies de cette espèce : la première année, avec un amendement de chaux ; la seconde année, sans aucun engrais; la troisième, avec du fumier de cheval ou de vache. Au mois d'octobre, après la récolte des dernières pommes de terre plantées, on enlevait du sol toutes les mauvaises herbes, et je le faisais aplanir à la herse ; après quoi, on y jetait les diverses espèces de meilleures semences de foin. S'il survenait une grande sécheresse ou une forte gelée qui fit périr une grande partie de l'herbe semée, au point que, la première année, ma récolte de foin ne fût que très médiocre, j'éprouvais une perte d'autant plus grande que je n'avais gagné pendant ce temps ni orge ni avoine; et les mauvaises herbes n'étaient pas moins abondantes qu'elles n'eussent été si j'avais semé le foin dans l'avoine ou dans l'orge ou dans le froment, selon que l'exigeait mon terrain. Mais une nouvelle épreuve, dans une autre année, donnait bientôt un résultat plus favorable; et cette dernière méthode, de semer le foin après la récolte des pommes de terre, n'est pas sans quelque avantage : bien entendu quand le sol n'est pas sujet à l'inondation; autrement les eaux des rivières et des sources entraîneraient l'herbe trop jeune et trop peu raffermie par sa racine.

Je pense bien que toutes les opérations indiquées ne plairont pas au même degré à tous les cultivateurs. Il est dans la nature de l'homme, et dans les habitudes surtout de la plupart des cultivateurs, de chercher des objections et des difficultés quand il s'agit d'expériences qu'ils n'ont pas encore faites. Il vaudrait mieux qu'ils eussent un peu plus de zèle et d'activité, un peu moins d'indolence, un goût moins prononcé pour la parcimonie mal entendue, et qu'ils voulussent écouter plus souvent la voix de l'expérience. Les opérations indiquées, si elles sont faites d'après les circonstances particulières qui appartiennent au sol, produisent incontestablement le meilleur effet sur les prairies où l'on essaie de pareils moyens d'amendement : il est égalèment vrai, en général, que toutes les mauvaises terres, à mesure qu'on les travaille à la bêche, qu'on les laboure, qu'on les brise continuellement, gagnent chaque jour quelque chose ; les eaux pluviales s'y infiltrent avec plus de facilité, l'influence bienfaisante du soleil et de l'air atmosphérique s'y fait mieux sentir (1). Quand on sait comment à ces travaux il faut ajouter le secours d'un engrais convenable, et quand on continue pendant un petit nombre d'années la culture du sol, quoiqu'il paraisse bien ingrat, on finit par réveiller en lui les principes de fécondité, par l'animer et le forcer à répondre aux soins d'un propriétaire persévérant.

C'est ainsi que tant de terres, autrefois incultes, regardées en Flandre pendant long-temps comme trop mauvaises pour être cultivées, et que l'on abandonnait à la commune, afin de ne pas devoir payer les impôts fonciers, sont devenues enfin depuis et à force

---

(1) L'influence de l'air atmosphérique est un des points que M. van Aelbroeck a traités avec prédilection dans son *Agriculture pratique de la Flandre*. Voyez pages 75, 76, etc.

de travail, ou des champs bien cultivés, ou de bonnes prairies. Ceux qui possèdent parmi nous des terres de mauvaise qualité, ou des prairies improductives, devraient encourager leurs fermiers à y essayer des améliorations : quand même il faudrait soutenir ces entreprises au moyen de secours pécuniaires, la spéculation serait encore bonne, et l'on se trouverait bientôt indemnisé par l'augmentation de valeur donnée à la propriété.

IMPRIMERIE DE Mme HUZARD (NÉE VALLAT LA CHAPELLE),
RUE DE L'ÉPERON-SAINT-ANDRÉ, N° 7.

www.ingramcontent.com/pod-product-compliance
Ingram Content Group UK Ltd.
Pitfield, Milton Keynes, MK11 3LW, UK
UKHW022136170726
13837UKWH00004B/1602